Een andere Wiskunde
Op basis van het werk van
Frans Coppelmans

Jan Sterenborg
2018

Opgedragen aan Frans Coppelmans

Een andere wiskunde

In de jaren dat ik met Frans Coppelmans samenwerkte is een geheel, althans bij mijn weten, nieuwe wiskunde ontstaan. Het hele proces heeft jaren geduurd (1970-1995) en nu vind ik weer de tijd er hernieuwde aandacht aan te besteden. Het was een zeer intensief proces met name was het moeilijk oude voorstellingen en beelden los te laten en er nieuwe voor in de plaats te zetten en dit alles dan ook nog in een samenhangend en coherent geheel.

De hele idee is bij Frans Coppelmans ontstaan door de bestudering van het kinderspel en de analyse van kindertekeningen met name de compositie wetmatigheden in die tekeningen. Het idee, dat zo ontstond was, dat de mens en de beschaving, die hij voortbrengt onderworpen is aan een wetmatigheid. Dit wil overigens niet zeggen, dat de mens daarmee zijn vrijheid verliest, echter, dat al het menselijk handelen als grondslag eenzelfde principe kent. Naarmate we ons meer bewust worden van dit principe des te meer kan het dienen als sociale basis voor communicatie en samenwerking. Het is als met een spel, zodra er twee of meer mensen de regels accepteren dan kan er gespeeld worden. In het spelen kunnen zich verschillende spel-stijlen ontwikkelen.

Het Begin

Aller Anfang ist schwer

Waarom ontmoet je iemand op een bepaald moment in je leven? Bij mij was het zo dat toen ik Frans Coppelmans ontmoette het was alsof ik in een nieuwe wereld binnen trad. Frans Coppelmans was een beeldend kunstenaar en hij was een denker. Hij gaf vorm op een bijzondere wijze en hij dacht na over ons mensen en ons menszijn. Hij sprak met mij over een zeefformule die in ieder mens aanwezig was, een algemeen en universeel iets. Hoewel ik er in het begin niets van begreep werd ik er toch door aangetrokken en later, soms vele jaren later kon ik de draagwijdte van zijn benadering bevatten. Maar zelfs nu weet ik niet of ik alles gepakt heb. Maar van wat ik te weten gekomen ben, wil ik hier berichten.
Frans begon in zijn schematische weergaven altijd met een 0 (nul) en dat was voor mij iets onbegrijpelijks, later besefte ik dat hij verwees naar het onzichtbare dat er al is voordat we aan iets beginnen. Maar voor mij was het begin iets meer tastbaar uitgedrukt in een punt, één punt. Hoewel een punt in feite ook niet tastbaar is, het heeft geen massa, het is een positie. Dus tegenstrijdigheden al vanaf het begin. Toch door alle verwarring heen ontstond er gaandeweg een helder beeld.
1 stond tegenover 0 en tegenover veel. De nul is overigens pas als laatste aan onze getallenreeks toegevoegd 1,2,3,4,5,6,7,8,9,0 en dat was in India. Pas toen de nul bekend werd, kon het 10-tallig stelsel waar wij nu nog gebruik van maken geboren worden. En hoezeer we nu nog denken, dat dit 10-tallige stelsel "het" systeem is, zo zal duidelijk worden dat er naast het systeem van de aantallen, er ook nog een systeem van aantallen in vormen bestaat, een soort universeel Lego.
De grondgedachte van hetgeen hier gepresenteerd wordt is om met zo min mogelijk aannames[1] zoveel mogelijk voort te brengen.......Zo is het begrip Wis-kunde zelf ook informatief: met andere woorden de kunst van het wissen oftewel uitvegen van dat wat overbodig is.

Het meest een-voudige uitgangs-punt in mathematische zin is één punt

1   .

De paradox is natuurlijk wel dat deze meest eenvoudige situatie tevens de meest complexe is...ik denk maar even aan het gegeven, dat er in de historie van de mensheid naast de vele goden die men aanbad er ineens sprake was van één God...wat heeft dit niet alles teweeg gebracht...toch heeft de aanvaarding van dat principe dat er één God is enorme consequenties: er ontstaat ineens een religieus - sociaal veld dat er daarvoor niet was.
Het opleggen van dat één God principe daarentegen heeft nooit veel goeds opgeleverd. Het is daarom beter dat we uitgaan van een aanname, stel dat. Dan is iedereen vrij uit te gaan van die aanname of niet.

---

[1] Ockham's raisor oftewel the law of parsimony

Maar ook dichterbij het meer aardse bestaan zijn voorbeelden van deze complexiteit te vinden kijk maar eens naar bijvoorbeeld de naam Piet: deze Piet is uniek daar is er maar één van doch tegelijkertijd zijn er wel duizenden mensen te vinden die ook Piet heten...we zien hier het verschil tussen inhoudelijk en structureel. Inhoudelijk verschillen de Pieten. Structureel zijn ze gelijk in die zin, dat ze allen de naam Piet hebben.
Geven we deze paradox[2] schematisch weer; dan ziet het er ongeveer zo uit:

één 1 . ten opzichte van .... veel

Halen we nu het eerder geformuleerde principe om zo zuinig mogelijk met de vooronderstellingen om te gaan weer terug en plaatsen het gegeven op bovengeschetste situatie, dan ontstaat de vraag:

Hoe het vele uit het ene ontstaan is?

Mensen, die in en met de natuur werken kennen dit principe allang; we stoppen 1 zaadje in de grond, uit het zaadje ontstaat een plant; de plant komt in bloei en produceert vervolgens vele zaden.

In de praktijk van de techniek worden we vaker met de omgekeerde beweging geconfronteerd: hoe maken we van al deze vele onderdelen een auto...
in de praktijk zijn de onderdelen er al en vraagt het inspanning om er een geheel van te maken...in de theorie moet je eerst (met veel inspanning) de onderdelen uit het geheel voortbrengen. Binnen het theoretische bereik kun je namelijk geen vreemde onderdelen toelaten...die passen niet. De praktijk laat wel vreemde onderdelen toe maar dat vraagt dan extra energie om ze in het geheel in te passen. Als het schroefdraad op M3 is afgesteld en je hebt alleen M6 schroeven dan zul je de gaten op M6 moeten aanpassen.

De praktijk laat ook afval toe...je houdt dingen over...wat doe je ermee? weggooien of bewaren...dit wordt zo langzamerhand een van de grootste problemen waar we als mensheid mee geconfronteerd worden...we verdrinken zo ongeveer in ons eigen

---

[2] Zie Harry Mulisch De compositie van de wereld waarin het begrip paradox uitgewerkt wordt aan de hand van de toonreeks do re mi fa sol la si do, in het wisselend spanningsveld do-do do-re do-mi do-fa do-sol do-la do-si en do-do met als eerste do de grondtoon.

afval. In het theoretisch kader kan er geen sprake zijn van afval ..alles heeft zijn plaats... als alles goed gaat ...
als het fout gaat dan zeggen we dat iemand er niet meer uit komt, het geestelijk niet meer aankan. Naarmate het theoretisch kader meer druk legt op algemeenheid, universeelheid wordt het op te lossen probleem groter.

>>>>>>>>>>>>>>>>>>>>>>>>>>>

Het accent ligt nu op de overgang van één naar veel[3].

Nu hoeven we hier niet van te schrikken want als we een vaas laten vallen hebben we hetzelfde fenomeen te pakken namelijk eerst één vaas daarna duizend stukken en ertussen in iemand die de vaas loslaat.

In de natuurwetenschap heeft men ditzelfde gegeven gebruikt om het ontstaan van heelal te verklaren middels de big bang theorie.
Laten we nu de meest zuinige positie innemen en het vele uitwissen tot het aantal dat precies 1 meer is dan onze uitgangspositie:

hoe van één punt .   ?   .. naar twee punten
>>

Hoe zouden we deze overgang kunnen benoemen?
De meest voor de hand liggende beschrijving is:
er heeft een *deling* plaatsgevonden.

Eerst hadden we één appel en nu na het doormiddensnijden hebben we twee stukken appel. Vervolgens kunnen we deze handeling herhalen of de deling op de twee punten opnieuw uitvoeren en dan hebben we 4 punten etc totdat we weer een massa punten hebben.

Deze herhaalde deling is een soort generator geworden. Nu is dit tevens het beeld van de draak: je slaat er één kop af en er komen er twee voor terug. Als we bovengenoemde situatie goed weergeven dan zou het er eigenlijk zo uit moeten zien:

>>>>>>>>>>>>>>>>>

Met andere woorden door de deling is het eerste punt, ons uitgangspunt, verdwenen.

---

[3] Met dit veel hebben we het oorspronkelijke van 1 verloren. Bij 1 is er sprake van een verband bij veel is het verband verloren, het is chaos geworden.

Hoe beschrijven we nu het resultaat van de deling?
- we kunnen de afzonderlijke punten benoemen
- we kunnen het geheel benoemen (dan komt het verband terug)

Doen we het eerste dan blijven we op het niveau van ons uitgangspunt: we hebben er alleen een naamgever(nominaal-niveau) bij.

Doen we het tweede dan moeten we iets nieuws verzinnen.
Twee punten als een geheel beschrijven. Bijvoorbeeld een paar, een stel, een koppel, een duo, een setje etc.

Visueel kan dit als we de twee punten als eindpunten van een lijnstuk beschouwen, een afstand.
Maar hoe groot is dat lijnstuk dan? of hoe groot is die afstand?

In de praktijk levert dit een concreet antwoord op bijvoorbeeld 50 km als het gaat om de afstand tussen Arnhem en Utrecht en als het om relaties gaat..hoe ver staan jullie van elkaar af? of hoe dicht staan jullie bijelkaar, maar hier is geloof ik nog geen meeteenheid voor gevonden....

Theoretisch krijg je geen antwoord op vraag: hoe groot is die afstand, want theoretisch gaat het over alle mogelijke afstanden.
We kunnen deze nieuwe verhouding het beste omschrijven als een elastiekje oftewel een variabele.

De schrijfwijze wordt dan $2_{(\;)}$ en als het voor de zichtbaarheid wel concreet moet worden dan schrijven we bijvoorbeeld $2_{(2)}$ met als aanduiding tussen de haakjes de concrete afstand van de twee punten. In dit geval 2 centimeter of afhankelijk van het land waar je woont 2 yards of cultuur 2 duim.

We hadden dus 1 en we hebben nu de variabele $2_{(\;)}$.

We hebben door de deling iets verloren...net als bij de vaas toen hij in stukken viel was de oorspronkelijke hele (vaak ook mooie en dierbare) vaas verdwenen.... het paradijs ook zo'n verlies....we gaan op zoek naar wat we verloren hebben, we kunnen niet achteruit in de tijd dus voorwaarts....

 $2_{(4)}$

Hoe kunnen we nu het oude gegeven 1 terugvinden en tegelijkertijd het nieuw verworvene $2_{(4)}$ behouden?
In feite moeten we wat er van 1 naar $2_{(4)}$ plaatsvond reconstrueren van $2_{(4)}$ naar... hoe dit eruit ziet weten we nog niet. Het enige dat we weten is dat het om 3 punten gaat. Om $2_{(4)}$ te behouden en 1 terug te vinden kunnen we bijvoorbeeld het volgende suggereren:

 $2_{(4)}$

of

•---------------------------•----• $2_{(4)}$

of een driehoek[4]?

Echter de meest eenvoudige oplossing (de oplossing die het minst veronderstelt) is degene waarbij het derde punt precies in het midden ligt (we kunnen bij punten ook nog niet spreken van massa verschillen):

•----------------•---------------• $3_{(4)}$

Hoe benoemen we nu de overgang van $2_{(4)}$ naar $3_{(4)}$ was de overgang van 1 naar $2_{(4)}$ een deling dan noemen we de reconstructie van deze overgang een vermenigvuldiging en het mooie van dit woord is dat er enig (verwijzing naar één) in zit verm-enig-vuldigen: het terugvinden van wat verloren is gegaan in een nieuwe verhouding, want als je de scherven van de vaas uiterst zorgvuldig aan elkaar plakt dan krijg je wel weer een hele vaas maar het is natuurlijk niet meer de oude vaas het is de oude vaas met jouw plakinspanningen erbij en de bewustgeworden emoties; een nieuwe vaas dus.

Samenvattend:

```
        1       2(4)      3(4)
        :         *
      delen   vermenigvuldigen

        t1       t2        t3
        >>>>>>>>>>>>>>>>>>
```

Het is een prettige gedachte, dat als iets verliest je het kunt terugvinden en dat wat uit het verlies als waarde zich manifesteert (dit lijkt vreemd maar is het helemaal niet...pas als de vaas stuk valt komen we te weten dat we er zo gehecht aan waren omdat we die vaas van oma gekregen hadden die mij zo dierbaar is....dit komt in dit gebeuren vrij...zonder dit gebeuren was het er al maar we waren het ons niet bewust...de volgende stap is deze waarde een plek te geven) iedere keer opnieuw als waarde ingezet kan worden: er is iets tot stand gebracht.... En ligt in deze drie stappen ook niet het geheim besloten van het kinderversje: Eén ei is geen ei, twee ei is een half ei en drie ei is een Paasei?

---

[4] Een driehoek verondersteld al dat we over 2 dimensies beschikken. We hebben pas 1 dimensie ontwikkeld dus de driehoek valt hier af als mogelijkheid.

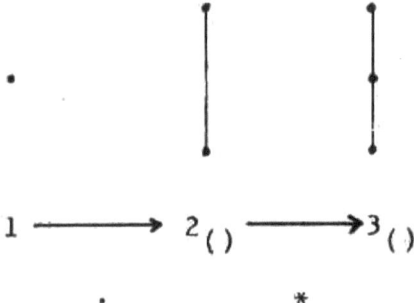

Op bovenstaande tekening vinden we een samenvatting van wat we tot nu toe ontwikkeld hebben.
De vraag is nu hoe gaan we verder? Zit er nog meer in het vat?
We kunnen het voorgaande herhalen en binnen het lijnstuk blijven (binnen de eerste dimensie) en dan krijgen we iets na deling als:

•-----•-----------•------• $4_{(12)}$

dan weer vermenigvuldigen *

•-----•-----•-----•------• $5_{(12)}$

etc. we krijgen een soort ketting.
We verliezen wel de oorspronkelijk ontwikkelde waarde die ontstaan is uit de eerste deling.

Er is echter nog een andere manier om verder te gaan met $3_{()}$ en dat is een deling uitvoeren die loodrecht op de lijn staat die we al hadden:

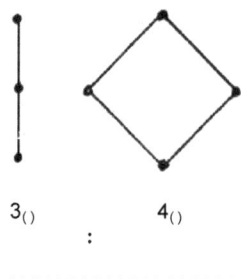

$3_{()}$. $4_{()}$

>>>>>>>>>>>>>>>>>>

Deze deling van $3_{()}$ naar $4_{()}$ levert een heel nieuw iets op namelijk een vlak, de *tweede dimensie* hebben we betreden.

Wie het verhaal tot hiertoe heeft kunnen volgen kan nu zelf eigenlijk wel de volgende stappen zetten:

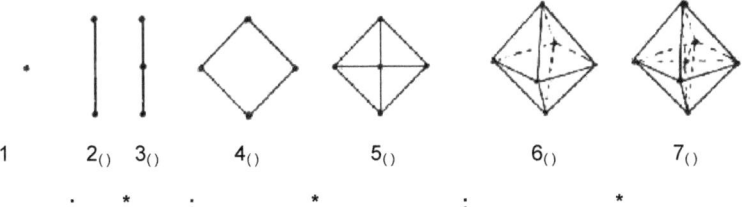

1    $2_{()}$ $3_{()}$ $4_{()}$ $5_{()}$ $6_{()}$ $7_{()}$

:   *   :   *   :   *

>>>

Kort samengevat zien we hier de ontwikkeling van 1 punt naar 7 punten door afwisselend delen en vermenigvuldigen.
We zien zo ook de eerste, tweede en derde dimensie tevoorschijn komen.

Maar wat wordt nu de volgende stap?

We weten dat er na $7_{()}$ een deling moet volgen en dat de volgende structuur uit 8 punten bestaat.

Gaan we de vierde dimensie betreden?
Een vierde dimensie is een onmogelijkheid want het zou betekenen dat we een vierde deling loodrecht op 3 andere loodrecht op elkaar staande lijnen zouden moeten kunnen construeren. Dit is onmogelijk en nu willen wij als mens wel speculeren over een 4de of 5de etc dimensie maar daarmee hollen we dit begrip gelijktijdig uit. Als er oneindig veel dimensies zouden zijn, wat zegt dat begrip dan nog? Juist de beperking dat de mens met 3 dimensies te maken heeft maakt een dergelijk begrip waardevol en bruikbaar.

We hadden een begin structuur 1 vervolgens de ontwikkeling van 6 structuren die allen een zekere waarde vertegenwoordigen en zo komen we als vanzelf bij een eind-structuur terecht die in een bepaald opzicht op de eerste structuur moet lijken in de zin dat we dat gegeven het waarde-vrij zijn van de beginstructuur terug willen. Met een beetje fantasie en geknutsel komen we uit bij de volgende structuur 8

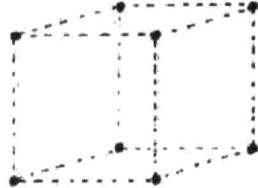

De stippellijntjes van structuur 8 moet u zich maar voorstellen als elastiekjes ze hebben geen vaste lengte. Je kunt deze eigenschap vergelijken met de edelgasstructuur in de scheikunde. De edelgassen bevinden zich ook toevallig in de 8ste groep.
We hebben nu dus de ontwikkeling vanuit het begin 1 naar het eind 8 te pakken. Tussen het begin en het eind zijn ontstaan de lijn, het vlak, en het lichaam: de eerste tweede en derde dimensie. De begin en eind-structuur zijn waarde vrij, niet gebonden aan een bepaalde afstand terwijl de 6 tussenliggende structuren waarde-gebonden zijn

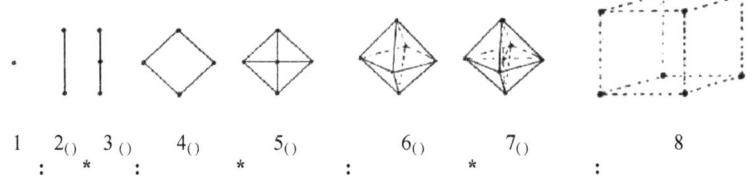

1   $2_{()}$ $3_{()}$ $4_{()}$ $5_{()}$ $6_{()}$ $7_{()}$ 8
 :   *   :   *   :   *   :

>>>

Een opeenvolging in de tijd eerst dit en dan dat, een groeiprincipe. Je kunt niet van $3_{()}$ ineens naar $7_{()}$ je hebt de stappen $4_{()}$ $5_{()}$ en $6_{()}$ nodig. Er zit een noodzakelijkheid in deze volgorde het kan niet anders. Dit ligt in het gegeven zelf wetmatig besloten.

Nu moeten we misschien bij het ontwikkelde gegeven tot nu toe even stilstaan....we hebben 1 punt uit zien groeien naar 8 punten.
Twee operaties hebben zich geopenbaard: delen (centrifugaal) en vermenigvuldigen (centripetaal).
Drie overgangsgebieden zijn ontstaan door de vermenigvuldiging,
Drie dimensies zijn ontstaan door het vermenigvuldigen: de lijn, het vlak en het lichaam.
Vier overgangsgebieden zijn ontstaan door de deling.
We kunnen spreken van een begin en een einde.
En er is sprake van een ontwikkeling in de tijd, een volg-orde.
Dit gegeven op zich roept al zoveel op:
is het toevallig dat het hier om 8 basis-structuren gaat?
Is er een verwantschap met de muziek waarin 8 tonen een octaaf vormen do re mi fa sol la si do?

Is er een verwantschap met de sprookjeswijsheden bijvoorbeeld de wolf (8) en de 7 geitjes en waarom werd het kleinste geitje niet opgegeten en zat het in de klok? Is het toevallig dat de structuren 6 en 7 op piramides lijken of is er een verwantschap met de cultuur ontwikkeling? Is het toevallig, dat de edelgassen dezelfde eigenschap hebben als de 8 ste structuur[5]? Zou er een verwantschap met de scheikunde zijn? Is het misschien zelfs zo dat deze 8 basis structuren ook de 8 oerstructuren van het leven zelf zijn?

Dus voordat we weer voorthollen naar wat er nog meer komt, want er komt nog meer...zo hebben we bijvoorbeeld het optellen en aftrekken nog niet teruggevonden.....is het toch goed even stil te staan bij de gestelde vragen.

Want als er sprake is van dit soort verwantschappen, zijn we dan een universeel principe op het spoor?

Wat volgt er na 8? Negen zult u meteen zeggen...... Acht was toch het einde? ja maar...Zoals we al beschreven hebben, kunnen we de overgang van 7 naar 8 niet reconstrueren, want we kunnen niet 4 lijnen loodrecht op elkaar construeren en als U dat niet gelooft, dan moet u dat maar eens concreet met 4 houtjes proberen...ja in de geest lukt het wel maar in de geest lukt alles en dat wil nog niet zeggen dat het dan ook zinvol is......

Als we nu eens goed naar die kubus kijken, dan zien we wel degelijk 4 lijnen, die elkaar in het midden zouden kunnen treffen...als we namelijk de 4 diagonalen trekken van het ene hoekpunt naar het andere, dan ontstaat er precies in het midden 1 punt en samen hebben we dan 9 punten. Even voor de duidelijkheid de 4 diagonalen staan **niet** loodrecht op elkaar. Deze hoek is eenvoudig te berekenen en was het niet Pythagoras, die er heilig van overtuigd was, dat het heelal getalsmatig geordend was?

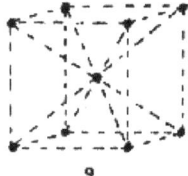

9

Dus we kunnen niet spreken van een vermenigvuldiging zoals bijvoorbeeld in de overgang van 6 naar 7. Hoe moeten we het ontstaan van deze structuur dan wel noemen? Als we nog eens nader kijken dan lijkt het op de eerste structuur 1 en de laatste structuur 8 bi elkaar komen in 9: begin en eind komen samen... de cirkel (0) is rond? en is dit nu ook niet precies het fenomeen, dat Harry Mulisch beschrijft in zijn Compositie van de Wereld? namelijk de paradoxale verhouding tussen de grondtoon

---

[5] Dmitrij Ivanovič Mendeljejev plaatste de edelgassen in de achtste categorie en de eigenschap van edelgassen is dat ze zich niet verbinden met andere stoffen, de electronenschil zit vol. De wolf in roodkapje eet de grootmoeder en daarna Roodkapje zelf als één geheel op zo ook bij de wolf en de zeven geitjes. De opgegeten slachtoffers kunnen door de jager als onbeschadigd geheel weer bevrijd worden.

do en zijn octaaf, de do-do combinatie? Het ziet ernaar uit, dat zich een nieuw beginsel gevormd heeft door de combinatie 1 en 8. 1 is uitgegroeid naar 8 en deze gang van zaken wordt nu vastgelegd in 9. Een verdieping van het beginsel heeft plaatsgevonden.

De mogelijkheden die in 1 besloten lagen zijn naar voren gebracht en bewaard in 9 en zo kunnen we ons ook voorstellen, dat als in India, het land van de cyclus, het bewustzijn van de vereniging van begin en einde en de eindeloze wedergeboorte ontluikt, dat dan tegelijkertijd de notie rond... cirkel.... nul daarmee samenhangt en door deze notie is ons huidige 10 tallige stelsel kunnen ontstaan.

Welk begrip hangen we nu aan het ontstaan van de 9?
Het meest voor de hand liggende en meest eenduidige begrip is machtsverheffen. Het mooie is, dat in dit woord de 8(m-*acht*-sverheffen) al besloten licht.

Maar het woord doet ook recht aan wat er gebeurt...namelijk een klein beginseltje 1 (zaadje; en dit zaadje stopt de boer in de grond bv een koren zaadje en dan groeit het geheel uit tot een hele boel zaden) groeit zichtbaar uit tot 7 en geeft het geheim prijs in 8 m.a.w., dat wat eerst zichtbaar aanwezig was wordt nu ruimte... groeiruimte voor een nieuwe start. Het kleine beginsel 1 verheft zijn macht tot 9 en kan opnieuw beginnen aan een nieuwe reeks. Om het simpel te schetsen: je gaat voor het eerst in je leven een badkamer verbouwen en dan kom je van alles tegen allerlei zaken, die je nog niet kent en die je niet beheerst toch zet je door en alles komt voor elkaar... dan vraagt een vriend of je bij hem de badkamer wil komen verbouwen...en je zegt okay en je gaat weer aan de slag en je kunt bouwen op de ervaringen van je eigen badkamer(8), maar je komt weer nieuwe dingen tegen en zo bouwt je ervaring zich op, totdat je er mee kunt lezen en schrijven........

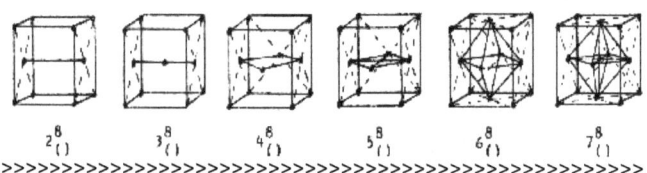

>>

Het geleerde kan nu meer bewust ingezet worden.

Wat gebeurt er nu aan het eind van de tweede cyclus als 7 weer overgaat naar 8 terwijl er een 8 omheen zit? Er komen dan weer 8 punten vrij. Maar omdat deze 8 punten niet aan afstanden gebonden zijn kunnen deze punten ook samenvallen met de vorige 8 alleen 'wegen' die punten dan zwaarder je zou dat dan bv. zo kunnen uitdrukken 8-2 en na het volgende rondje 8-3 etc. Dat 'wegen' is niet letterlijk want een punt weegt niks het is meer in de zin van ervaring opdoen... souplesse...een geheugenfunktie in de zin van: dit ken ik al.
Of we kunnen de 2 maal 8 punten zien als twee geheugen dozen.
Of als een grotere doos die een kleinere omvat.

Hoe nu verder?

Zoals 1 punt een ontwikkeling kan gaan naar 8 etc. zo kunnen ook meerder punten eenzelfde ontwikkeling gaan. En we krijgen dan te maken met 2 fenomenen:

1. Het eerste fenomeen is, dat een gegeven zich ongestoord als waarde kan ontwikkelen. En dat dit dus in veelvoud gebeurt.
2. Het tweede fenomeen is, dat een gegeven in zijn ontwikkeling geconfronteerd wordt met een ander zich ontwikkelend systeem.

Laten we eerst naar de eerste optie kijken: je zou kunnen zeggen we krijgen een veelheid aan verschillende afstanden, vlakjes en lichamen van verschillende grootte. Een soort Lego- of Mecanodoos vol onderdelen. Wat kunnen we hiermee?
Nu wijst zich dit bij Lego en Mecano als vanzelf je kunt de dingen met elkaar verbinden het past. De vraag bij een lijnstukje en een vlakje is nu hoe moeten die dan aan elkaar...of welke oriëntatie moeten de twee onderdelen t.o.v. elkaar hebben? Aan de hand van een vlakje en een lichaam zal ik laten zien hoe het in zijn werk gaat. Het vlakje heeft de grootte 10 en het lichaam de grootte 30.

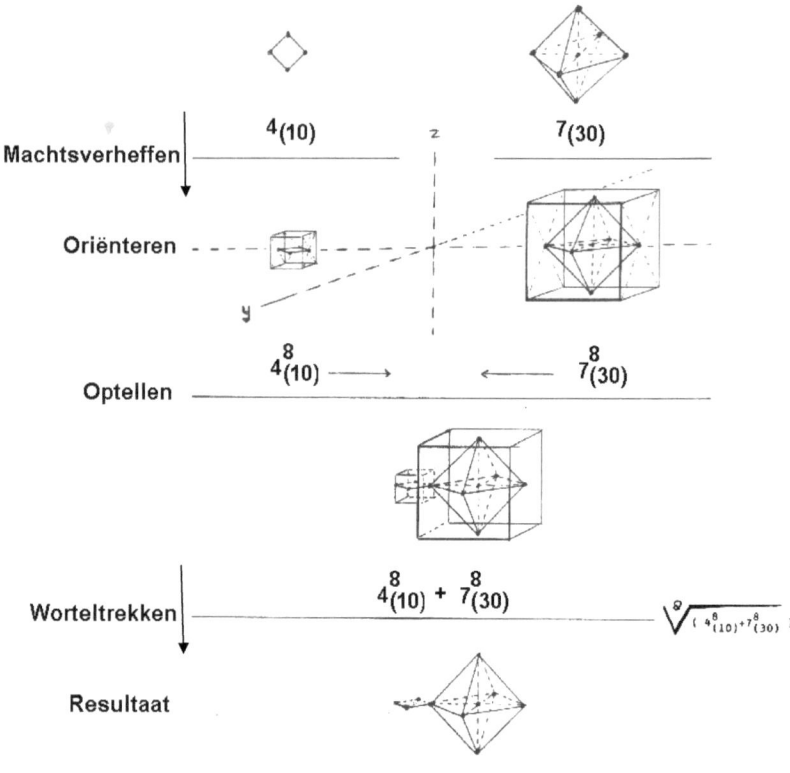

Het optellen

Nu hebben we op de lagere school geleerd, dat optellen zo ongeveer het makkelijkste van het rekenen was. Nu zien we toch, dat er wel wat meer voor komt kijken. Eerst moeten de onderdelen in de kubus gebracht worden; machtsverheffen dan moeten de kubussen eenzelfde oriëntatie in de ruimte krijgen dus we hebben een coördinatenstelsel nodig (dit was tot nu toe niet nodig). Vervolgens kunnen we de twee kubussen met elkaar optellen en dan om het resultaat te zien moeten we de oorspronkelijke onderdelen als het ware uit de kubussen trekken: het worteltrekken. En dan als we het helemaal willen afronden moeten we dit resultaat ook een naam geven bv. Piramidevlak of piravlak of tien(nav het nieuwe aantal punten 7+4 =11 maar twee punten zijn samengesmolten tot een punt dus het aantal punten wordt 10) of willempie10 etc. we zijn vrij om een naam te kiezen. Maar nu is het wel zo bij het kiezen van een naam, dat de vlag de lading zou moeten dekken. Dit fenomeen kunnen we bij de mens terugvinden aan het geven van bijnamen; deze bijnaam zegt vaak meer over de ware aard van de persoon in kwestie dan zijn eigen naam.

Tegenover het optellen staat de bewerking aftrekken en dit gaat als volgt:

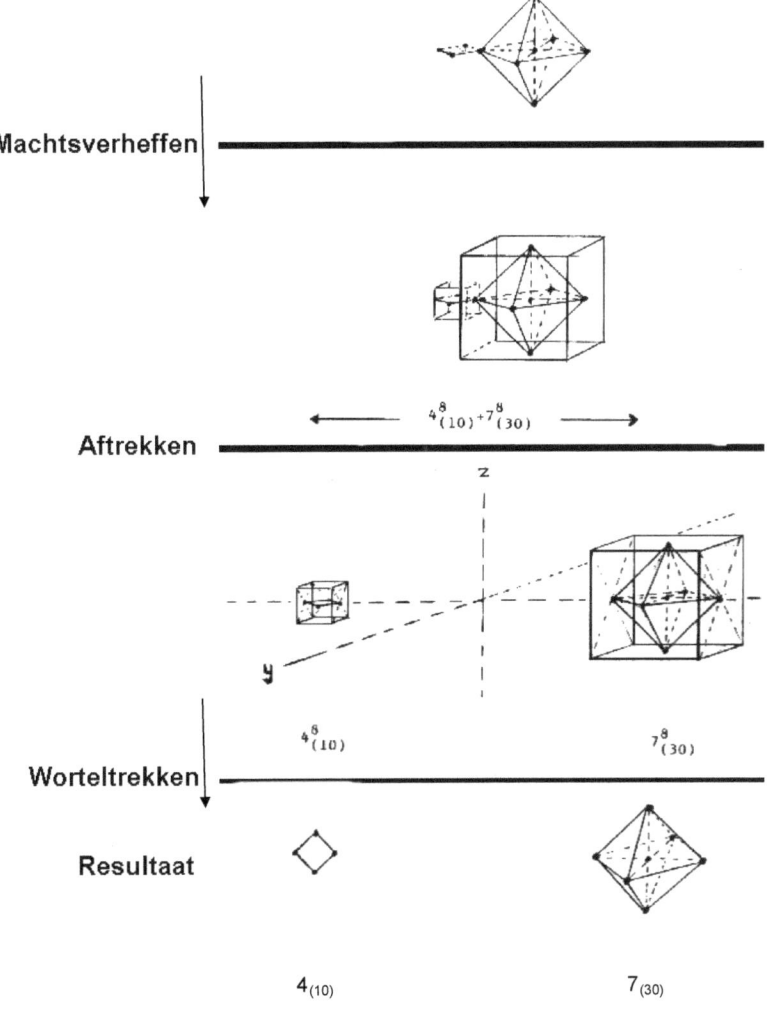

Samenvattend hebben we nu 6 bewerkingen ontwikkeld:
1. delen
2. vermenigvuldigen
3. machtsverheffen
4. worteltrekken
5. optellen
6. aftrekken

Met deze bewerkingen en de verschillende lijnstukken, vlakken en lichamen kunnen we tal van complexe structuren in elkaar sleutelen en zoals zal blijken niet alles kan want de ruimte om de verschillende onderdelen heen is ook een begrenzing. Ieder onderdeel heeft een eigen (groei)ruimte omzich heen en die dient gerespecteerd te worden. Een lijnstuk kan een vlak en een vlak moet een lichaam kunnen worden.

Nu gaan we toekomen aan de tweede mogelijkheid nl. de confrontatie van twee zich ontwikkelende systemen.

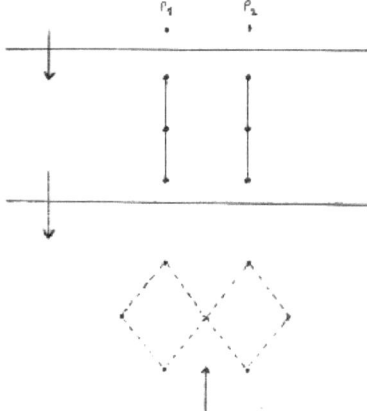

Gegeven 2 punten P1 en P2 en die zetten zich uit naar 2 lijn stukken van bv. 25 mm en hun onderlinge afstand is 20 mm dan ontstaat er in het geval dat deze lijnstukken zich verder willen ontwikkelen naar het vlak toe een probleem (gegeven dat ze hun oorspronkelijke plaats niet willen verlaten, ik blijf op mijn standpunt staan): en dat zien we in het onderste gedeelte van het bovenstaande plaatje ontstaan: er is een beweging naar buiten toe en dan komen de 2 systemen elkaar tegen terwijl er nog steeds een expansieve druk aanwezig is. U zult het misschien niet geloven maar de geschilderde situatie is het grondpatroon voor oorlogen, ruzies etc. Wie maakt er plaats? Ik wijk niet! en ik ook Niet! Wat nu?

Een soort oerwoud-wet zegt ruim de tegenstander op, hak hem in de pan zodat je meer ruimte krijgt om de ontwikkeling te gaan waar je recht op hebt......een tweede veel moeilijkere oplossing is om niet je tegenstander te klieven maar ahw jezelf intern te klieven cq te delen zodat er een interne differentiatie ontstaat en de expansie zij het op kleinere schaal wel doorgang kan vinden:

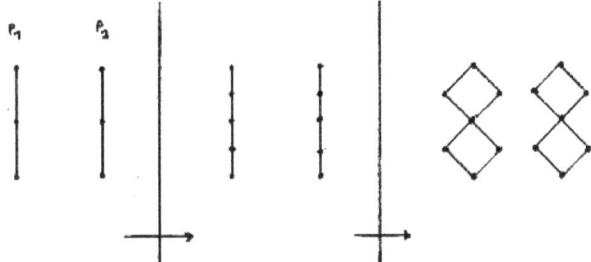

In bovenstaande plaatje zien we dat het oorspronkelijke lijnstuk in feite in tweeën gedeeld wordt en vervolgens dat de twee halve lijnstukken zich ver uitzetten naar het vlak toe, wat nu ook kan er is genoeg ruimte voor.
Nu kunnen we ons voorstellen, dat als bv P1 heel concreet de contour van een bloem is dat het systeem P2 ahw. tegen deze contour opbotst en middels interne differentiatie zijn groei of expansie doorzet. Uiteindelijk bij voldoende differentiatie zal het systeem P2 de contour van P1 benaderen. Met andere woorden P2 neemt P1 waar. We hebben dus in een heel primitieve vorm hier, de formele beschrijving van een waarnemend systeem gegeven. En dit systeem werkt op alle mogelijke contouren en is niet afhankelijk van de een of andere standaardisatie vooraf.

Om te demonstreren hoe een en ander zou kunnen werken volgt verderop[6] een beschrijving waarmee bovenstaande benadering wordt toegepast op een ovaal.

Het verhaal heet: De reconstructie van de contour

---

[6] Zie bladzijde 23

De reconstructie van de contour
gebaseerd op de nieuwe wiskunde van Frans Coppelmans

1. Samenvatting
2. Introductie
3. Voorbeelden
4. Startpunt A
5. Samenvatting van startpunt A
6. Startpunt B
7. Samenvatting van startpunt B
8. Partiele differentiatie
9. Samenvatting van structuren en operaties
10. Discussie
11. Aanvulling

Samenvatting.

In dit artikel wordt een contour beschouwd als een oneindig aantal punten. Om deze oneindigheid aan te kunnen hebben we een creatief principe nodig. De bekende methodes van sampling of digitalisering, waarbij een contour beschouwd wordt als een lijst xy-coördinaten, wordt hier niet besproken. Ook situaties waarin een contour beschouwd kan worden als een functie laten we buiten beschouwing. Uitgegaan wordt van alle mogelijke contouren. Het probleem van patroonherkenning en het probleem van de betekenis ambiguïteit wordt uitgewerkt in de discussie.

Introductie

Een contour kan beschouwd worden als een oneindig aantal punten. Om greep te krijgen op dit aantal (door een cognitief proces bijvoorbeeld een waarnemer of een machine met een programma) moeten we dit aantal op de een of andere manier reduceren. We hebben een creatief principe nodig.

Op basis van de andere wiskunde willen we nu aan de hand van twee voorbeelden een dergelijk principe beschrijven.

Kort samengevat: het principe is gebaseerd op een beperkt aantal structuren en een beperkt aantal operaties die het mogelijk maken:

- Dat de ene structuur in de andere kan transformeren
- Dat een structuur kan differentiëren
- De uitzetting van een structuur

Drie proces-situaties zijn verbonden met deze operaties:

1 - De situatie na een transformatie wordt hypothetische staat(hs) genoemd (of verwachting). Dit betekent, dat deze toestand getest moet worden. De uitkomst van de test kan zijn:

- Bevestiging
- Ontkenning

In het geval van een bevestiging kan er een uitzetting volgen, na een ontkenning moet de hypothetische staat verlaten worden en het proces moet terugkeren naar de structuur waarop de transformatie had plaatsgevonden, waarna een differentiatie kan volgen.

2 - De situatie na een differentiatie is gelijk met een bevestigde hypothetische staat. In dit geval kan er nog een differentiatie of en transformatie volgen.

3 - Een uitzetting kan twee situaties creëren:
- Een situatie waarin het proces geen hypothetische staat kan bereiken. Dit betekent deze poging opgegeven.
- Een situatie waarin het proces wel een hypothetische staat bereikt. Deze staat kan dan alleen maar bevestigd worden in dit geval.

Twee controle mechanismen zijn van toepassing:
- Interne controle: dit betekent dat de ruimtes (iedere structuur heeft zijn eigen groei ruimte) mogen elkaar niet overlappen. Ze mogen elkaar raken en dit raakpunt is tevens de lengte van de uitzettende structuur.
- Externe controle: dit betekent dat structuren mogen niet overlappen met de contour. Ze mogen de contour raken, echter als ze overlappen dan moet het proces (omwille van het realiteitsprincipe) terugstappen naar de laatste bevestigde staat.

Het voorbeeld waarop het principe zal werken blijft hetzelfde (figuur 1.). Het spreekt vanzelf, dat dit een willekeurige keuze is en dat er ook andere contouren gekozen hadden kunnen worden, maar in al die gevallen blijft het principe hetzelfde. Een tweede keus is om een en ander 2-dimensionaal vorm te geven ipv. 3 dimensionaal. Dit was een werkbesparende overweging.

Wat betreft de benadering van de gekozen contour zullen 2 startpunten (figuur 2 en figuur 3) uitgewerkt worden in de voorbeelden. Dit wordt gedaan om te laten zien dat gegeven verschillende startpunten dezelfde interpretatie van de benadering tot stand kan komen. In de discussie volgt de bespreking van mogelijke ambiguïteiten in deze interpretatie.

Voorbeelden

- Introductie

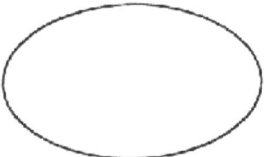

fig. 1. Contour waarop het gegeven los gelaten wordt.

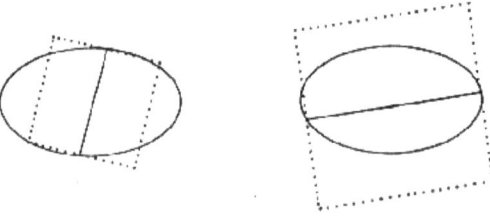

Fig 2. Startpunt A   Fig 3. Startpunt B

Stopcriterium: aantal gerealiseerde punten op de contour >= 8.

Om de illustraties zo leesbaar mogelijk te houden, worden de ruimte aanduidingen (gestippelde lijnen) weggelaten in de volgende voorbeelden.

Startpunt A

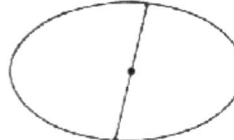

2.1 Bevestiging van
    Startpunt A

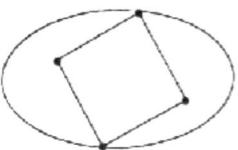

2.2. Transformatie van 2.1 en test

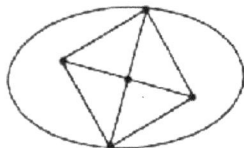

2.3 Bevestiging van 2.2

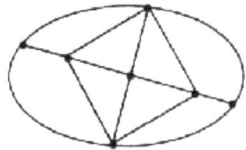

2.4 Uitzetting van 2.3 en test

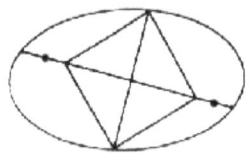

2.5 Bevestiging van 2.4

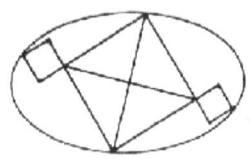

2.6 Transformatie van 2.5 en test

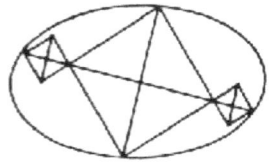

2.7 Bevestiging van 2.6

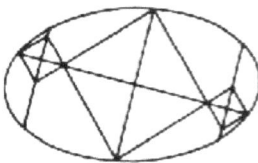

2.8 Uitzetting van 2.7 en Stop

Samenvatting van startpunt A

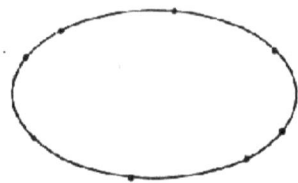

2.8.1 Punten op de contour.

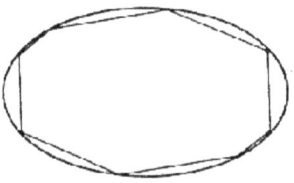

2.8.2 Benadering van de contour

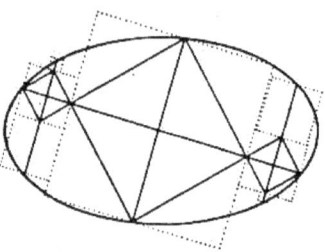

2.8.3 Ruimtelijke verhoudingen.

Startpunt B

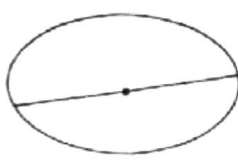
3.1 Bevestiging van startpunt B.

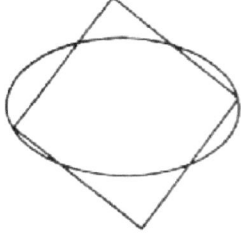
3.2 Transformatie van 3.1 en test.

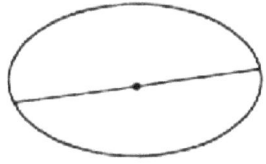
3.3 Ontkenning van 3.2

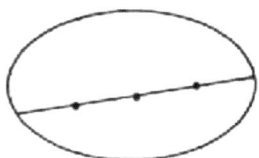
3.4 Differentiatie van 3.3

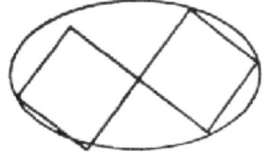
3.5 Transformatie van 3.4 en test

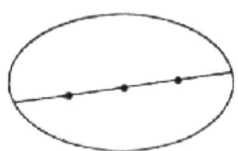
3.6 Ontkenning van 3.5

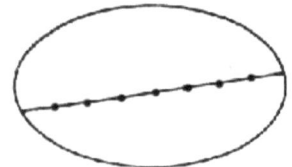
3.7 Differentiatie van 3.6

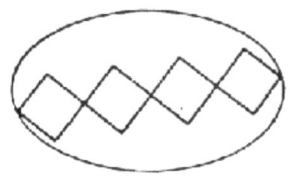
3.8 Transformatie van 3.7 en test

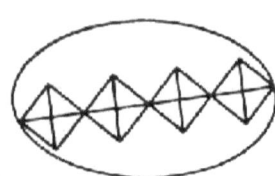
3.9 Bevestiging van 3.8

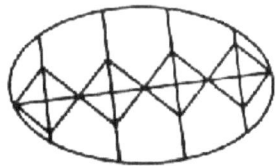
3.10 Uitzetting van 3.9 en Stop

Samenvatting van startpunt B

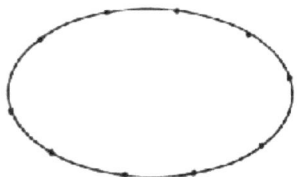

3.10.1 Punten op de contour.

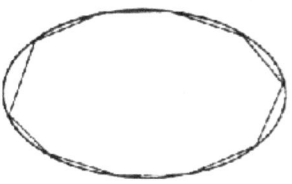

3.10.2 Benadering van de contour

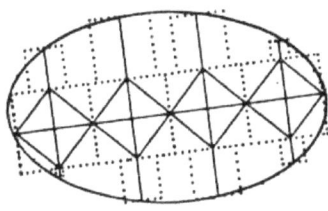

3.10.3 Ruimtelijke verhoudingen.

3.10.4 Innerlijke structuur

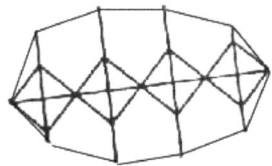

3.10.5 Innerlijke structuur met uiterlijke verschijningsvorm.

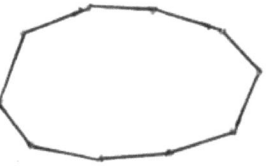

3.10.6 Dat wat weergegeven kan worden. Het waargenomene

Gedeeltelijke differentiatie.

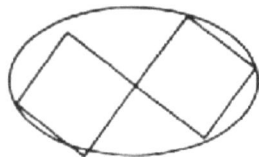

3.5.1 Kopie van 3.5

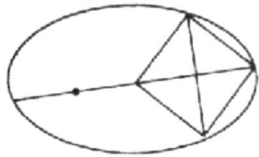

3.5.2 Gedeeltelijke bevestiging en gedeeltelijke ontkenning

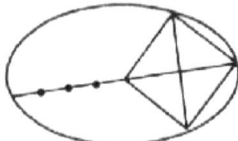

3.5.3 Gedeeltelijke differentiatie.

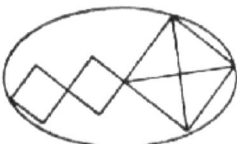

3.5.4. Gedeeltelijke transformatie en Test

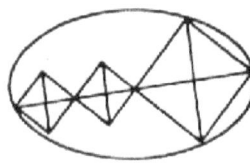

3.5.5 Bevestiging van 3.5.4

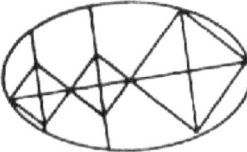

3.5.6. Gedeeltelijke uitzetting en Stop

Samenvatting van structuren en operaties

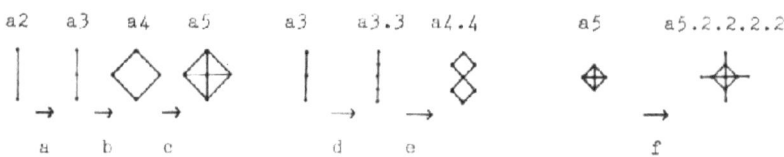

a= bevestiging van een hypothetische staat(hs) a2
b= transformatie van a3 in hs-a4
c= bevestiging van hs-a4
d= differentiatie van a3 naar a3.3 (a3 bevestigd en a3 bevestigd)
e= transformatie van a3.3 naar a4.4 (hs-a4 en hs-a4)
f= uitzetting van a5 naar a5.2.2.2.2 (a5 + 4(hs-a2))

Gebruikte ruimte:

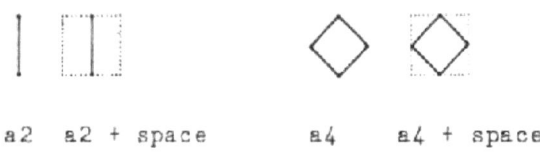

Uitzetting van structuur en ruimte in relatie tot de tijd:

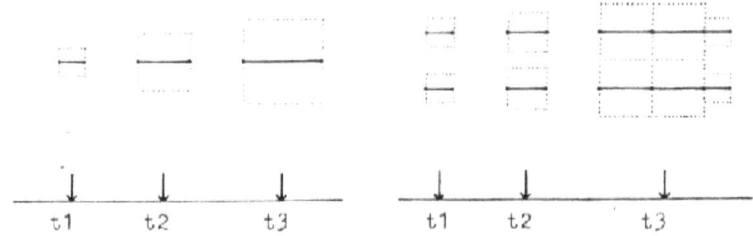

Een uitzettende structuur   Twee uitzettende structuren

Discussie

In de voorbeelden wordt de meest rechtlijnige werking van het principe getoond. We kunnen deze benadering een domme of tijd verspillende benadering noemen. Het interessante echter aan deze benadering is, dat er allerlei beslissingsregels aan toegevoegd kunnen worden om zo de werking te verbeteren tot een meer intelligent of strategisch principe. Enige voorbeelden van beslissingsregels zijn:

- Als gedeeltelijke structuren bevestigd worden dan worden deze niet verder gedifferentieerd. Alleen het gedeelte dat ontkend is wordt verder gedifferentieerd (zie 3.5.1. tm 3.5.6.).

Deze regel laat ons twee extremen zien. Aan de ene kant een structuur die gedifferentieerd wordt in zijn totaliteit, dus als een deel van de structuur is ontkent, dan wordt de hele structuur in al zijn onderdelen gedifferentieerd. Aan de andere kant alle delen van de tot nu toe ontwikkelde structuur gaan een eigen leven leiden. Dus de relatie met de totale structuur wordt niet gehandhaafd. De relatie tussen totale structuur en gedeeltelijke structuur in het eerste extreem kunnen we orde noemen in het laatste extreem chaos. Tussen deze twee extremen in ligt de mogelijkheid van organisatie, hetgeen een veld van vrije keuze is. In dit veld bestaat er niet zoiets als de oplossing voor een probleem. Het zal altijd een oplossing zijn, andere oplossingen blijven mogelijk afhankelijk van de tot dusver ontwikkelde middelen. Als we naar de figuren 3.5.1 tot 3.5.6 kijken dan zien we dat in het gegeven voorbeeld het rechtse deel van de structuur gefixeerd wordt. Alleen het linker gedeelte van de structuur wordt verder ontwikkeld. Het spreekt vanzelf dat het rechter gedeelte gelijktijdig ook verder ontwikkeld kan worden (parallel-processing). Een andere regel zou kunnen zijn:

- Vergelijk na een uitzetting beide buitenste lijnstukken en als deze erg verschillend in lengte zijn (gegeven een of ander criterium) differentieer dan de grootste en zet deze verder uit.

- Of vergelijk na een uitzetting linker en rechter lijnstuk (bv. startpunt tov van de blikveld begrenzing) en als ze sterk in lengte verschillen pas dan het startpunt aan (ga bv in het midden van dat lijnstuk zitten) …..

Een tweede gegeven is de mogelijkheid om de contour te beschrijven op grond van wat we tot nu toe ontwikkeld hebben. Dit opent de mogelijkheid van patroonherkenning. Allerlei berekeningen en beschrijvingen kunnen losgelaten worden op de gerealiseerde structuur. En zo doende kan er informatie over grootte, hoekigheid, positie, rondheid etc gegeven worden.

En dan kan blijken, dat verschillende beschrijvingen zeer coherent of incoherent zijn onafhankelijk van de gekozen contour of startpunt. En dit leidt tot het probleem van de ambiguïteit. In ons geval dekken 6 mogelijkheden dit veld en binnen deze 6 mogelijkheden kunnen we 3 vormen van ambiguïteit beschrijven:

Gegeven dezelfde contour en gegeven:

- Het hetzelfde startpunt, dan kunnen we geconfronteerd worden met dezelfde en verschillende beschrijvingen. De verschillende beschrijvingen leveren de eerste vorm van ambiguïteit op.
- Verschillende startpunten, dan kunnen we geconfronteerd worden met dezelfde en verschillende beschrijvingen. De verschillende beschrijvingen leveren de tweede vorm van ambiguïteit op.

Gegeven verschillende contouren, dan kunnen we eveneens geconfronteerd worden met dezelfde en verschillende beschrijvingen. In dit geval leveren dezelfde(!) beschrijvingen de derde vorm van ambiguïteit op.

Deze drie vormen van ambiguïteit hoeven geen problemen op te leveren. Verschillen in interpretatie kunnen opgelost worden door verder ontwikkeling van de structuur waarop de beschrijving gebaseerd was of door het differentiatieniveau aan te passen (het aantal gerealiseerde punten op de contour vergroten) en/of het aantal beschrijvende categorieën vergroten. Het is meer een kwestie van inspanning dan van onoplosbaarheid.

Aanvulling:

In feite is de geschilderde uitgangspositie niet helemaal compleet. In werkelijkheid kan het startpunt natuurlijk ook buiten de gegeven figuur liggen en de vraag wordt dan, gegeven een uiteenvallend startpunt, waar houdt het dan op?
   Het houdt op, daar waar de waarnemer of het waarnemende apparaat zijn of haar fysieke begrenzing heeft. Dit is ook een reëel, concreet gegeven in de verwerking van iets wat daar buiten is. Dus als we de uitgangssituatie adequaat weergeven, dan moet er iets bij n.l. een fysieke begrenzing en die kan er dan bijvoorbeeld zo uitzien:

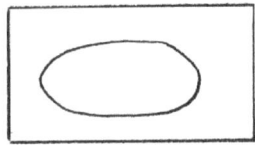

De buitenste contour of rechthoek staat voor de begrenzing, het "blikveld".

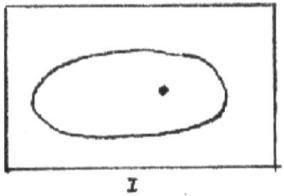 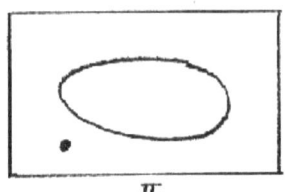

De volgende stap kan er dan als volgt uitzien:

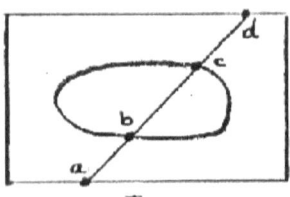 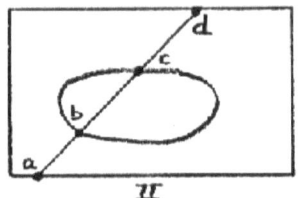

We hebben nu in beide gevallen te maken met 4 punten. Het hadden er ook 2 kunnen zijn, afhankelijk van de brekingshoek:

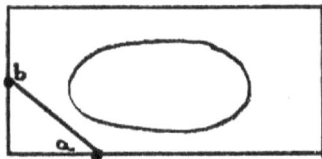

Laten we van de 4 punten uitgaan, omdat het systeem eenvoudig kan vaststellen, dat er niets tussen de 2 punten te vinden is. De punten a en d zijn voor de waarnemer dus blikveldgrenspunten. De punten b en c zijn echte vastgestelde snijpunten met iets, dat daar buiten is. Wat het is weten we nog lang niet en misschien komen we er wel nooit achter! Het kan namelijk zo zijn, dat het te identificeren iets allang ons blikveld verlaten heeft of onze aandacht richt zich op totaal iets anders, waardoor de interactie tussen binnen en buiten verslapt.....

Nu gaat het erom gezien vanuit een waarnemingseconomie een verstandige keus te maken. Verstandig: dit moet natuurlijk blijken en gestoeld op ervaring, maar laten we zeggen: we willen zo snel mogelijk weten wat dat daarbuiten is, of als we wat relaxter zijn geven we het wat meer tijd.

Verschillende keuzes zijn nu mogelijk:
- we gaan gewoon verder met alle lijnstukken dwz a-b, b-c,c-d.
- we kiezen voor a-b, c-d, lekker dicht bij huis
- of voor b-c
- of voor a-b
- of voor c-d

Iedere keus heeft zijn eigen consequenties. Zo is de keus b-c in dit geval toevallig een goede, maar het kan ook anders:

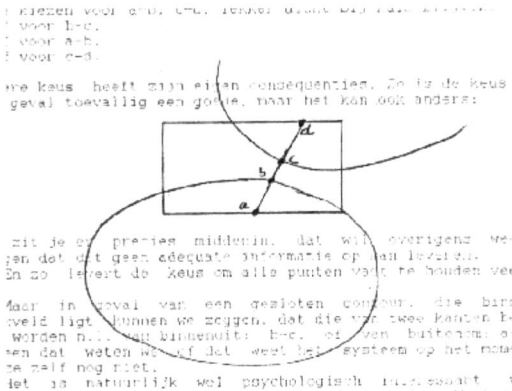

dan zit je er precies middenin, dat wil overigens niet zeggen, dat dit geen adequate informatie kan opleveren.

En zo levert het, als we alle punten vast willen houden, veel werk op.
Maar in het geval van een gesloten contour, die binnen in het blikveld ligt kunnen we zeggen, dat die van twee kanten benaderd kan worden n.l. van binnenuit b-c, of van buitenom a-b, c-d. Alleen dat weten we of dat weet het systeem op het moment van keuze zelf nog niet. Want als we dat wel zouden weten hadden we het ding al waargenomen. Dus er is nog een lange weg te gaan.

Ik hoop alleen, dat middels deze voorbeelden en voortbouwend op het werk van Frans Coppelmans, men aanzetten ziet voor verdere ontwikkeling van het gegeven ten behoeve van ons allen.

Over Frans Coppelmans

Naast tekeningen, beeldhouwwerk en ruimtelijke inrichtingen heeft Frans Coppelmans een boek geschreven over zijn ideeën:

Begrip & beeld: kindertekeningen als model voor informatieverwerking
Coppelmans, Frans / Stichting Plint / cop. 1993
ISBN: 90-70463-24-5

Kunstenaar Coppelmans: voor mens en mensheid
Door Kees de Bruijn

STEVENSBEEK / OPLOO - Bij de verplaatsing van een groot betonnen kunstwerk bij de voormalige Mulo-school, nu gevangeneninrichting, in Stevensbeek kwam de vraag naar voren: wie is de maker van dit kunstwerk uit 1962? Na wat speurwerk van de redactie van de PeelrandWijzer is dat nu duidelijk: de maker is Frans Coppelmans. Ook het kruisbeeld aan de Gemertseweg in Oploo blijkt van zijn hand te zijn.

Foto: Kees de Bruijn

Frans Coppelmans werd geboren in Eindhoven op 31 januari 1925 en hij stierf daar op 68 jarige leeftijd op oudejaarsavond 31 december 1993. Hij ligt begraven op de Russisch-orthodoxe begraafplaats in St. Hubert. Coppelmans volgde de opleiding beeldhouwen aan de Arnhemse Kunstacademie. In de jaren na de tweede wereldoorlog verbleef hij als soldaat in Indië.

Puraseda 1948 Indië nu Indonesië

Tot zijn veertigste jaar heeft hij als kunstenaar voornamelijk figuratieve beelden gemaakt; daarna heeft hij zich vooral beziggehouden met omgevingsvormgeving, architectuur en filosofie.

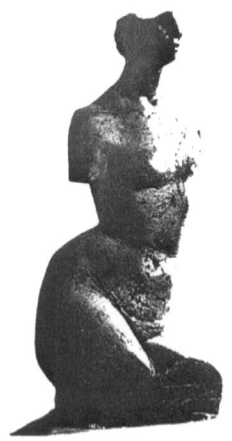

Coppelmans de kunstenaar
Na een huwelijk met Mies Welling (acht kinderen) huwde Frans Coppelmans op latere leeftijd met Nel Verhoeven, ook kunstenaar. Samen maakten ze allerlei omgevingsvormgevingen, tuinen en speelplastieken voor scholen en gemeenschapshuizen. Nel Verhoeven woont in Eindhoven. Zij waren bevriend met Peter Rovers, een kunstenaar waarvan ook werk in gemeente Sint Anthonis te vinden is. Frans Coppelmans heeft een tijdlang in Best gewoond, hij had een atelier in de bossen en kreeg veel dichters en andere kunstenaars over de vloer. In vakantieperiodes, op woensdagmiddag en op zaterdag gaf Coppelmans lessen in kleien, knutselen, beeldhouwen, schilderen, tekenen, enz. Iedereen was welkom en het kostte niets. Alle jeugd uit de buurt was er dan ook. Een deelnemer herinnert zich: "Een wereld ging voor je open. Laagdrempelig en voor iedereen toegankelijk. Daar lag en ligt de kracht van kunst en cultuur, toegankelijk voor iedereen, voor alle lagen van de bevolking. Gewoon kleinschalig, in de eigen wijk of buurt en vooral in bestaande accommodaties vanwege de haalbaarheid en betrokkenheid."
De familie Coppelmans heeft begin jaren-60 ook twee jaren in Beugen gewoond. De oudste zoon Loet, nu zelf ook kunstenaar, zat op de middelbare school in Stevensbeek.

Betonkunst
Het kunstwerk in Stevensbeek en het kruisbeeld in Oploo zijn beide van beton gemaakt. Het maken daarvan is een arbeidsintensief proces: Eerst wordt het beeld in klei gemaakt. Als het beeld klaar is en uitgehard, wordt er een bekisting omheen geplaatst. Het kleien beeld wordt vervolgens omgoten met gips. Als het gips hard is, wordt het beeld van klei eruit gekapt en geplukt. In de 'tegenmal' die zo ontstaan is, wordt beton gegoten, vaak met wapening. Als de beton hard is, wordt het gips verwijderd. En is een betonnen beeld ontstaan.
Coppelmans heeft vele beelden achtergelaten. Onder andere in Eindhoven (beeldenpark), Arnhem (Eusebiuskerk, PTT-hoofdgebouw) en Deurne. En dus ook in gemeente Sint Anthonis.

Coppelmans de filosoof
Behalve beeldhouwer en architect was Coppelmans ook filosoof. Het begrip 'gedragsorde' werd het hoofdthema van zijn werk. Hij analyseerde op een wiskundige manier de compositiewetmatigheden in kindertekeningen. Hieruit stelde hij een samenhangende visie op over ordening en hiërarchie. Dit thema heeft hij op veel manieren toegepast.

Psycholoog Jan Sterenborg heeft met Coppelmans samengewerkt en zegt over diens filosofie: "Frans Coppelmans was op zoek naar de essentie van het leven. Hij wilde terug naar het begin en van daaruit weer verder gaan. Op zijn zoektocht probeerde hij als het ware de mens weer opnieuw in kaart te brengen. Zijn zoektocht confronteerde hem met paradoxen. Zoals de paradox tussen het leven van de mens als individu en de mens als onderdeel van een groter geheel. Hij wist zijn gedachtegang te formuleren tot enkele wetmatigheden, als universele basis voor het menselijk leven. In dit verband zijn er grote parallellen tussen de gedachtegang van Coppelmans en die van Harry Mulisch, zoals die naar voren komen in het boek "De compositie van de wereld". Het diep religieus gevoel en groot godsvertrouwen van Coppelmans bracht hem ook in contact met de Russisch Orthodoxe kerk in Sint Hubert. Als 'Cornelius' vond hij daar meer beleving dan in het Rooms katholieke geloof.

Werk van Frans Coppelmans

Nijmegen: Adelaar

Deurne: Geboorte der vormen

Apeldoorn rond 1960: Spelende kinderen

Eindhoven: De Bron

Nootdorp: Liggend veulen

Enige fragmenten uit het boek Begrip en Beeld:

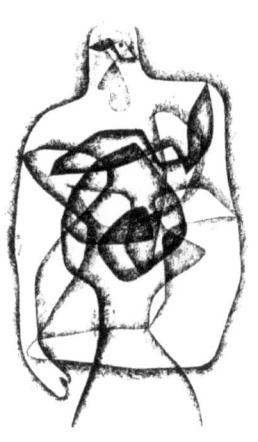

Inleiding

Ver vooraf
ligt het geheim
van het oorspronkelijke
dat als een wezen
geborgen ligt in elke ik.

Als een betrokkenheid
die verbindingen zoekt tot leven
dat ver voor de oerknal
als een gesloten eenheid
slechts zichzelf kende,
ongedeeld en binnen zijn eigen omvang.

Het openbaarde bij zijn eerste deling
een geheel van orde.

In de mens ligt de eenheid geborgen als de 'arche'
de drager voor het creëren van uitingen.

De totaliteitsgedachte is zo oud als de mensheid.
In elke cultuur wordt hij aangetroffen.
Hij ligt verankerd in de menselijke natuur.
Overal immers vinden we een besef van een
alomvattende eenheid,
waarbinnen de mens leeft en zich beweegt,
een besef van een verband,
waarin hij thuishoort.
De oorspronkelijkheid is de gemeenschappelijke drager van dat wat de mens beroert
in de zijnswording.

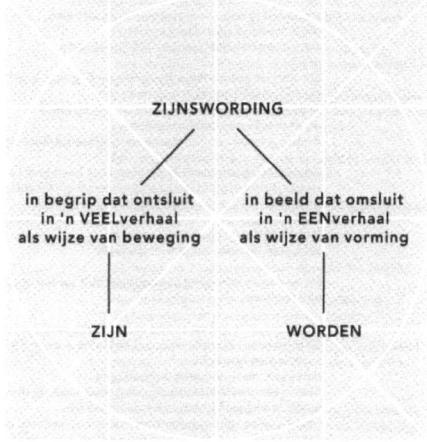

Het zijn en het worden:
twee werelden die samen een eenheid vormen.
De zijnswording is een principe dat zichzelf organiseert,
gespreid rondom, met taal en teken,
in en door elkaar, verweven tot een geheel.
Een stad bijvoorbeeld typeert zichzelf door het verhouden van de vele autonomen tot
iets dat specifiek is als levensbeeld van die stad.
Op het eerste gezicht een chaos, in alle richtingen open in zienswijzen en
uitgangspunten, in een adem van het leven dat zich leeft.
Het is een innerlijk beeld
dat zich aan de oppervlakte manifesteert.
Door het analyseren van die oppervlakte wordt duidelijk dat het innerlijk beeld de
drager is van het uiterlijk beeld.
Het bewustzijn ontwikkelt zich in een voortdurende wisselwerking met het binnen en
buiten.
Het baant zich in niveaus een weg van ik tot ik naar wij.
In geabstraheerde uitingen - in taal en teken - wordt het wezen van de zijnswording
als leven verbeeld.
Deze uitingen tracht ik te ontleden op grond van een ingeboren orde-ritme dat zich
toont als beweging in een structureel verloop van zegging.

Enige fragmenten uit Beeldvorm

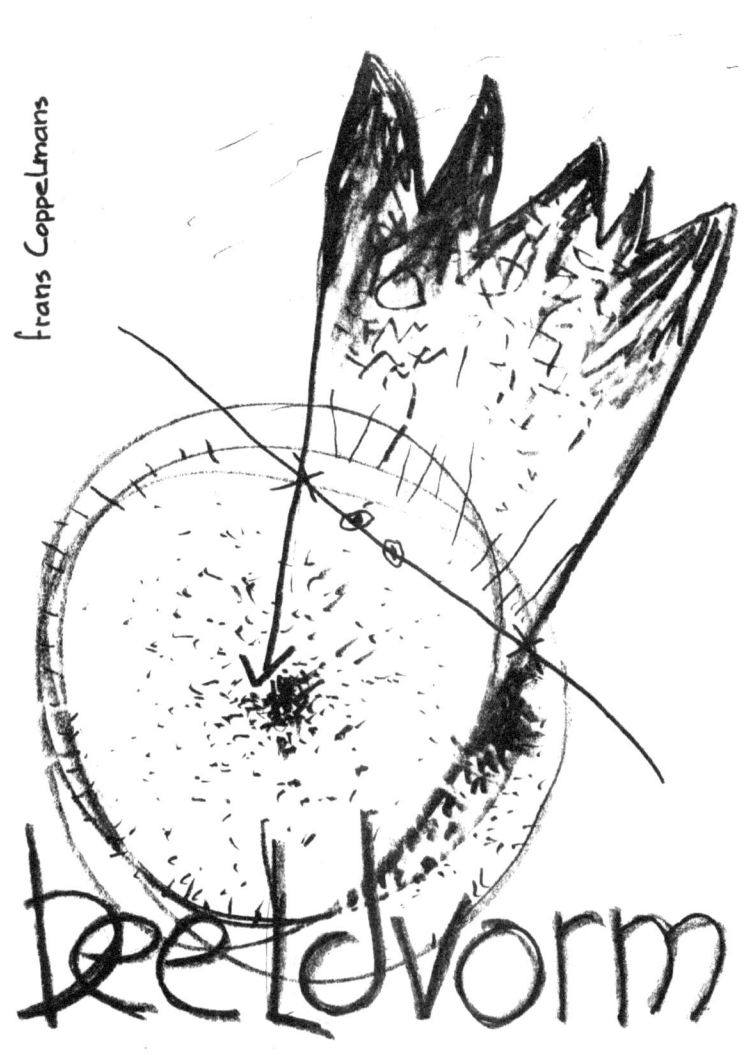

De "WET van het ENE"

EEN in relatie tot EEN is de eigenwaarde - als het "wezen" - hetgeen "iets" maakt tot wat het "is".

Het "wezen" zélf kan men slechts onderbrengen als een emanatie (een bron), als een uitvloeiing, als zijnde de beweging die een scheppende kracht heeft, maar zonder dat het zichzelf blootgeeft of opgeeft.

Dit wordt door de mens als een mystiek of religieus gegeven ondergaan, - als een universele wet. Deze is door de tijd heen op vele manieren en nivo's vastgelegd, die toch een gemeenschappelijke basis hebben vanuit de oorspronkelijkheid.

De "WET van het ENE" is een groepering van haar eigen beweging, waardoor zijzelf een "operatief veld" wordt en hierin haar eigenwaarde openbaart, welke door de tijd heen ook benoemd is als: het "ENE", - als het principeorganisme. Dit alles kan nu leiden tot het bewustworden van een objectieve "formeringsbeweging".

In kunst, spel en wetenschap ligt de "WET van het ENE" als een structureel basisgegeven om een open formatie te kunnen creëren.

De feitelijkheden die hieruit voortkomen, kunnen binnen een organisatievorm vastgelegd worden, waardoor men deze als waarde kan herkennen.

Duidelijke voorbeelden hiervan zijn:
getallen - 0.1.2.3.4.5.6.7.8.9.0.   (1+1=2)
letters - a.b.c.d.e.f.g.h. enz...

Bij wetenschap is deze basisconstructie meestal specifieke vakkennis en in het gebruik buitenwaarts gericht als een proces van vermeerdering van feitelijkheden.
Bij kunst en spel richt het zich naar binnen als verdieping van het oorspronkelijke, waardoor de beweging in zichzelf vermeerderd wordt in de vaste elementen en de regels.

Feitelijkheden, welke men niet zo gauw kan terugherkennen in de stromings-ontwikkeling van de mens of mensheid, worden meestal bevroren op een maatschappelijk nivo, als zijnde sociale normen of - patronen, groeps - en persoonlijke denknormen, beleidsnormen, keuzenormen enz. enz.

Wat de mensen gemeenschappelijk hebben, is te benoemen als het universele, het kosmische.

Datgene, wat binnen zijn eigen beweging wórdt, verándert van AAN-zien.
Het waarnemen van die bewegings-verandering is het IN-zien.

Elk kunstwerk toont dát – wat op zichzelf is – door de reflecties van
zijn eigen beweging.

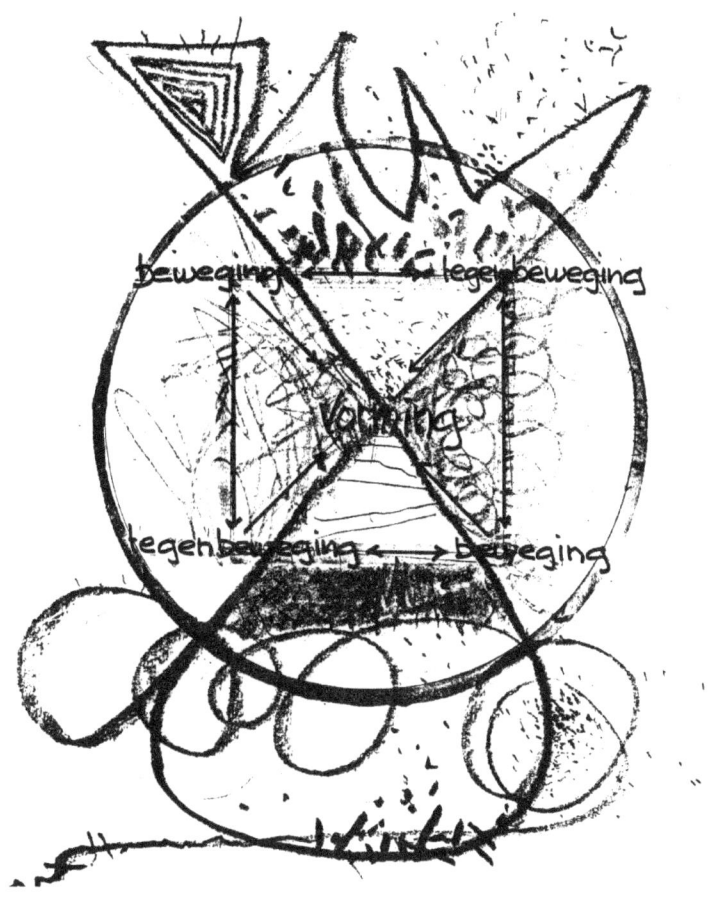

BEWEGING en TEGEN-BEWEGING levert VORMING.
Vorming is een impuls voor de beweging.

Deze structuur resulteert tot het begrip VORM, daar het een
geheel van werking is dat zichzelf om-vormt in nivo's.

EEN in relatie met EEN is de eigenwaarde, als het wezen,
hetgeen iets maakt tot wat het is.

Enige fragmenten uit ""Ik Ben"

ik
is dat wel zo
dat
ik, ik ben

Frans Coppelmans dec.'91

" ik "
is dat wel zo
dat
" ik "   ik ben
in mij gehuisd
of... ik
in gij
het andere
dat huist in wij

- mijn huis -

stromend
alle richtingen
gecentreerd
in mij

dwalend
in gedachtengangen
op - één - gelegd
ongedeeld

Over de auteur:
Jan Sterenborg (1949) studeerde aan de Katholieke Universiteit van Nijmegen (inmiddels omgedoopt naar Radboud Universiteit), ontwikkelingspsychologie (1978) onder Prof. Franz Mönks. Hij schreef zijn scriptie onder begeleiding van dr. G.J.J. Calis met als titel: Onmiddellijke waarneming en gelaatsherkenning bij kinderen.

Het promotie onderzoek van Dr. Gé Calis werd gerepliceerd en leidde tot de publicatie:

Calis, G. J., Sterenborg, J., & Maarse, F. (1984). Initial microgenetic steps in single-glance face recognition. Acta Psychologica, 55(3), 215-230.

Voortbouwend op het werk van Gé Calis en Frans Coppelmans ontstond de publicatie:

New Resources for Individual Psychological Diagnosis Version 3.0, 2018

In dit werk wordt een nieuw diagnostisch instrument beschreven voor individueel psychologisch onderzoek. Het instrument kan zowel op het cognitie als emotie vlak ingezet worden. De werking van het instrument is gebaseerd op een samenspel tussen het onbewuste en het bewuste in de mens.

Op de website: frans-coppelmans.jouwweb.nl
Staan een paar links naar korte YouTube filmpjes,
foto's en teksten.

Contact adres: website.vcr@gmail.com

ISBN: 978-0-244-97897-6
NUR: 921

© 2018,   Jan Sterenborg
         Een andere Wiskunde

All rights reserved

www.ingramcontent.com/pod-product-compliance
Lightning Source LLC
Chambersburg PA
CBHW041106180526
45172CB00001B/128